四川省工程建设地方标准

四川省建筑工程设计信息模型交付标准

Standard of Building Information
Model for Design Code in Sichuan Province

DBJ51/T 047-2015

主编单位：四川省建筑设计研究院
批准部门：四川省住房和城乡建设厅
施行日期：2015 年 12 月 01 日

西南交通大学出版社

2015 成都

图书在版编目（CIP）数据

四川省建筑工程设计信息模型交付标准 / 四川省建筑设计研究院主编. —成都：西南交通大学出版社，2015.12

（四川省工程建设地方标准）

ISBN 978-7-5643-4381-1

Ⅰ. ①四… Ⅱ. ①四… Ⅲ. ①建筑设计-标准-四川省 Ⅳ. ①TU203

中国版本图书馆 CIP 数据核字（2015）第 261775 号

四川省工程建设地方标准

四川省建筑工程设计信息模型交付标准

主编单位　四川省建筑设计研究院

责任编辑	胡晗欣
封面设计	原谋书装
出版发行	西南交通大学出版社 （四川省成都市金牛区交大路 146 号）
发行部电话	028-87600564　028-87600533
邮政编码	610031
网　　址	http://www.xnjdcbs.com
印　　刷	成都蜀通印务有限责任公司
成品尺寸	140 mm×203 mm
印　　张	1.625
字　　数	36 千字
版　　次	2015 年 12 月第 1 版
印　　次	2015 年 12 月第 1 次
书　　号	ISBN 978-7-5643-4381-1
定　　价	23.00 元

各地新华书店、建筑书店经销

图书如有印装质量问题　本社负责退换

版权所有　盗版必究　举报电话：028-87600562

关于发布四川省工程建设地方标准《四川省建筑工程设计信息模型交付标准》的通知

川建标发〔2015〕573号

各市州及扩权试点县住房城乡建设行政主管部门，各有关单位：

由四川省建筑设计研究院主编的《四川省建筑工程设计信息模型交付标准》，已经我厅组织专家审查通过，现批准为四川省推荐性工程建设地方标准，编号为：DBJ51/T 047-2015，自2015年12月1日起在全省实施。

该标准由四川省住房和城乡建设厅负责管理，四川省建筑设计研究院负责技术内容解释。

四川省住房和城乡建设厅
2015年8月12日

前 言

根据四川省住房和城乡建设厅《关于下达四川省工程建设地方标准〈四川建筑工程设计信息模型交付标准〉编制计划的通知》（川建标发〔2014〕83号文）的要求，由四川省建筑设计研究院会同有关单位共同编制本标准。标准编制组经广泛调查研究，认真总结实践经验，参考有关国际国内标准，结合四川省城乡建设发展的需求，并在广泛征求意见的基础上，编制本标准。

本标准共6章，主要技术内容包括：总则、术语、基本规定、资源要求、精度等级要求、建筑信息模型交付要求。

本标准由四川省住房和城乡建设厅归口管理，四川省建筑设计研究院负责具体技术内容的解释工作。

为使本标准更好地适应建筑信息模型应用的需要，各单位在执行过程中若发现需要修改与补充之处，请将意见与建议及时反馈至四川省建筑设计研究院（地址：成都市高新区天府大道中段688号；邮政编码：610000；联系电话：028-86933790；邮箱：sadi_jsfzb@163.com）。

本标准主编单位：四川省建筑设计研究院

本标准参编单位：中国建筑西南设计研究院有限公司

四川省建筑科学研究院
四川省第六建筑有限公司
龙湖地产（成都）有限公司
四川省佳宇建筑安装工程有限公司

本标准主要起草人员：徐 卫　章一萍　涂 舸　贺 刚
熊婧彤　王 瑞　邹秋生　胡 斌
赵仕兴　张春雷　王家良　余相宏
周宏伟　罗嘉军　雷 霞　王小龙
陈业宝　苟姝梅　方长建　革 非
毛星明　梁 进　杜 靓　袁 刚

本标准主要审查人员：陈佩佩　林 升　李锦磊　李迅涛
董 娜　黄 洲　王金平　王 征
吴加军

目　次

1 总　则 ··· 1
2 术　语 ··· 2
3 基本规定 ·· 4
4 资源要求 ·· 5
5 精度等级要求 ·· 6
6 建筑信息模型交付要求 ·· 8
　6.1 交付成果 ·· 8
　6.2 建　筑 ··· 8
　6.3 结　构 ·· 13
　6.4 给水排水 ·· 18
　6.5 电　气 ·· 21
　6.6 暖通空调 ·· 24
本标准用词说明 ·· 29
引用标准名录 ·· 31
附：条文说明 ··· 33

Contents

1 General provisions ·· 1
2 Terms ··· 2
3 Basic requirement ·· 4
4 Resource requirement ··· 5
5 Requirements of level of details ································ 6
6 Requirements of building information models ············· 8
   6.1 Deliverables ·· 8
   6.2 Architecture ·· 8
   6.3 Structure ·· 13
   6.4 Water supply & drainage ································· 18
   6.5 Electrical engineering ····································· 21
   6.6 Heating ventilation and air conditioning ············ 24
Explanation of Wording in This Standard ······················ 29
List of quoted standards ·· 31
Addition: Explanation of provisions ····························· 33

1 总　则

1.0.1 为促使建筑工程的规划、设计、施工、使用等阶段在统一数据模块下协同工作,保证数据的有效交换、共享及传递,促进四川省建筑工程设计信息模型技术的推广和应用,制定本标准。

1.0.2 本标准适用于新建、改建、扩建的民用建筑物、构筑物的建筑工程设计信息模型交付。

1.0.3 本标准适用于建筑工程设计中建筑、结构、给水排水、电气、暖通专业的概念设计、方案设计、初步设计、施工图设计阶段的成果交付;不含装饰、幕墙、智能化等深化设计。

1.0.4 建筑工程设计信息模型交付成果,除应符合本标准外,尚应符合国家和四川省现行有关标准的规定。

2 术　语

2.0.1 建筑信息模型　building information modeling（BIM）

包含建筑全寿命期或部分阶段的几何信息及非几何信息的数字化模型。建筑信息模型以数据对象的形式组织和表现建筑及其组成部分，并具备数据共享、传递和协同的功能。

2.0.2 建筑工程设计信息模型　delivery standard of building information model

用于建筑工程设计阶段的建筑信息模型。

2.0.3 建筑全寿命期　building life cycle

建筑物从计划建设到使用过程终止所经历的所有阶段的总称，包括策划、立项、设计、建造、施工、运营、维护、拆除等环节。

2.0.4 建模软件　modeling software

具备三维数字化建模、非几何信息录入、多专业协同设计、二维图纸生成、工程量统计等基本功能，用于创建建筑信息模型的软件。

2.0.5 构件　components

构成模型的基本对象或组件。

2.0.6 资源库　resource library

通过优化加工、积累整合后集合在一起，可重复利用的建筑信息模型构件资源集成。

2.0.7 协同　collaboration

基于建筑信息模型数据共享及操作间的协调过程，主要包括项目参与方之间的协同、项目各参与方内部专业之间或专业内部成员之间的协同以及上下游阶段之间的数据传递及反馈等。

2.0.8 协同平台 collaboration platforms

为项目实施而搭建的提供分工合作、进度控制、项目管理等协调功能的软硬件环境平台。

2.0.9 精度等级 level of detail（LOD）

表示模型包含的信息的全面性、细致程度及准确性的指标。

2.0.10 几何信息 geometric attributes

表示建筑物及构件的位置、形状、尺寸，及其他反应项目可视效果信息的一组参数。

2.0.11 非几何信息 non-geometric attributes

建筑物及构件除几何信息以外的其他信息。

3 基本规定

3.0.1 建筑工程设计信息模型应真实反映建筑的构建情况,模型深度应符合需求方的要求。

3.0.2 建筑工程设计信息模型应以工程项目的各设计阶段的相关信息作为基础。

3.0.3 工作模式宜便于信息传递和共享。

3.0.4 在建筑工程设计信息模型全寿命期内,模型的对象及参数命名应保持一致。

4 资源要求

4.0.1 建筑工程设计信息模型设计软件和设计协同平台应符合行业特征及信息化发展要求。

4.0.2 建筑工程设计信息模型设计软件应方便各参与方协调，利于信息快速传递。

4.0.3 建筑工程设计信息模型设计软件宜可进行二次开发。

4.0.4 建筑工程设计信息模型设计协同平台宜符合以下要求：

  1 具有信息整理快捷、各方协同同步、项目管理即时的功能。

  2 具有辅助制定设计标准和业务流程的功能。

  3 具有分配参与者分级权重的功能。

  4 具有成果归档与管理的功能。

  5 具有相应措施保证数据安全的功能。

  6 宜实现广域与局域网络相结合。

5 精度等级要求

5.0.1 建筑工程设计信息模型精度按设计阶段分为四个等级，各阶段对应精度等级详见表5.0.1。

表 5.0.1 设计阶段与精度等级对应表

设计阶段	精度等级
概念设计阶段	LOD1.0
方案设计阶段	LOD2.0
初步设计阶段	LOD3.0
施工图设计阶段	LOD4.0

5.0.2 构件资源库宜统一管理和分类。

5.0.3 不同设计阶段的模型宜符合表5.0.3的规定。

表 5.0.3 模型各阶段要求

专业	概念设计阶段 LOD1.0	方案设计阶段 LOD2.0	初步设计阶段 LOD3.0	施工图设计阶段 LOD4.0
建筑	以组合构件的形式，反映建筑基本场地关系、形状、控制尺寸、位置和主要功能划分	以组合构件的形式反映构件的控制尺寸、形状、位置	以细分的系统或组合构件的形式，反映可实施的几何与非几何信息	以完整的设计系统或组合反映构件设计的几何与非几何信息

续表 5.0.3

专业	概念设计阶段 LOD1.0	方案设计阶段 LOD2.0	初步设计阶段 LOD3.0	施工图设计阶段 LOD4.0
结构	—	主要结构构件具有几何信息	构件具有几何信息、主要的非几何信息	所有构件具有几何信息、非几何信息
给水排水	—	方案设计系统信息、主要设备机房及主要井道信息	初步设计系统，主要构件具有控制性几何信息、非几何信息	施工图设计系统，构件具有几何信息、非几何信息
电气	—	方案设计系统信息、主要设备机房及主要井道信息	初步设计系统，主要构件具有控制性几何信息、非几何信息	施工图设计系统，构件具有几何信息、非几何信息
暖通	—	方案设计系统信息，主要设备机房及主要井道信息	初步设计系统，主要构件具有控制性几何信息、非几何信息	施工图设计系统，构件具有几何信息、非几何信息

6 建筑信息模型交付要求

6.1 交付成果

6.1.1 交付成果应为建筑信息模型文件。

6.1.2 建筑信息模型输出的文件宜符合现行《建筑工程设计文件编制深度规定》的要求。

6.2 建 筑

6.2.1 概念设计阶段交付模型建筑构件应符合表 6.2.1 的规定，精度应达到 LOD1.0 的要求。

表 6.2.1 概念设计阶段交付模型建筑构件要求

模型构件		几何信息	非几何信息
场地	现状场地	周边及用地内建（构）筑物，地形地貌（等高距 5m 模型）、水体、道路	气象条件、区域位置、土地使用性质、地震基本烈度、结构形式、现存建筑功能性质等
	设计场地	总平规划（含拟建道路、停车场、广场、绿地、构筑物的布置）、初步竖向设计等	用地面积、总建筑面积、基底面积、容积率、绿地率、停车位等主要经济技术指标，建筑日照分析结论等
建筑	建筑体量与布局	建筑形体（平面形状、高度）	建筑功能等

6.2.2 方案设计阶段交付模型建筑构件应符合表 6.2.2 的规定，精度应达到 LOD2.0 的要求。

表 6.2.2 方案设计阶段建筑交付模型构件要求

模型构件		几何信息	非几何信息
场地	现状场地	场地地形，水体，现状建（构）筑物，市政设施，道路，绿地	气象、水文地质条件、周边环境因素（日照影响、噪声污染等）
	设计场地	建筑布局(平面形状、建筑定位、高度等)、场地（广场、停车位、道路、绿化景观）等	建筑用地面积、总建筑面积、基底面积、容积率、绿地率、停车位等主要经济技术指标，建筑日照分析结论、场地填挖方及相关经济测算
建筑单体	围护体系	墙体（包括砌体墙、幕墙等），屋面（包括坡屋面、平屋面等）	
	垂直交通	楼梯、电扶梯定位信息	安全防火及功能要求
	房间（空间）	房间（空间）尺寸等信息	名称、面积、功能分区、流线组织等
	建筑构件	建筑构件尺寸及定位信息	

6.2.3 初步设计阶段交付模型建筑构件应满足下列要求：

1 交付模型建筑构件应赋予材质信息。

2 交付模型建筑构件宜符合表 6.2.3 的规定，精度应达到 LOD3.0 的要求。

表 6.2.3 初步设计阶段交付模型建筑构件要求

模型构件		几何信息	非几何信息
场地	现状场地	场地周边及内部保留建(构)筑物(层数、平面形状及定位),用地周边规划道路,水体,绿化,现有市政设施(包括工程管线、铁路、高压线等)简要几何体量及定位信息等	区域气象、水文地质条件、周边环境因素(日照影响、噪声污染等)
场地	设计场地	建筑单体布局,道路(定位、标高、横纵坡等),绿化景观及休闲设施,入口广场,停车场,护坡,挡墙,排水沟等	建筑总用地面积、建筑面积、基底面积、容积率、绿化率、停车位等主要经济技术指标,建筑日照结论、场地填挖方情况及相关经济测算
建筑单体	墙体	内墙、外墙和承重、非承重墙的定位、材料、厚度、主要可见部位装饰等	防火、隔声、保温等物理性能,各类墙体用量粗略统计
建筑单体	幕墙	幕墙形式和划分、开启方式,与主体结构的连接等	幕墙安全、防火、保温、隔热等性能
建筑单体	楼地面	楼地面标高及楼板厚度	楼地面防水、保温、隔热性能,楼地面材料等
建筑单体	屋面	屋面形式(平屋面、坡屋面、异形屋面),坡度,主要屋面构件尺寸及标高等	屋面排水方式,防水、保温性能,屋面材料等
建筑单体	房间(空间)	防火、防烟分区设置,房间(空间)尺寸,家具或设备布置	功能分区,房间名称、面积,特殊房间工艺要求,防水、防火、隔声要求,顶棚材料和控制标高

续表 6.2.3

模型构件		几何信息	非几何信息
建筑单体	建筑构造	构造形式、尺寸及定位信息，变形缝（伸缩缝、沉降缝、抗震缝）设置	构造材料等
	垂直交通	楼梯（梯段、踏步）、坡道尺寸及定位信息，电扶梯尺寸及定位信息	楼梯、坡道、电扶梯用途、材料、选型等

6.2.4 施工图设计阶段交付模型建筑构件应满足下列要求：
  1 应赋予各构造层次的几何与非几何信息。
  2 宜符合表 6.2.4 的规定，精度应达到 LOD4.0 的要求。

表 6.2.4 施工图设计阶段交付模型建筑构件要求

模型构件		几何信息	非几何信息
场地	现状场地	场地周边建筑物及场地内保留建筑（构筑物）的简要几何体量（层数、平面形状）及定位，用地周边规划道路，水体、绿化，现有市政设施（包括工程管线、铁路、高压线等）的简要几何体量及定位信息等	气象、水文地质条件，周边环境因素（日照影响、噪声污染等）
	设计场地	建筑单体布局，道路（定位、标高、横断面、横坡纵坡等），市政管线，道路材料及构造层次，广场，停车场，排水沟（定位、标高、横断面、横纵坡坡度等），绿化景观及休闲设施，护坡，挡墙	建筑用地面积、建筑面积、基底面积、容积率、绿地率、停车位等主要经济技术指标，建筑日照分析结论、场地挖填方及相关经济测算

续表 6.2.4

模型构件		几何信息	非几何信息
建筑单体	墙体	内外墙和承重、非承重墙的定位及厚度,墙体保温、隔声等及其他构造层次,主要可见部位饰面材料	防火、隔声、保温等物理性能,各类墙体用量统计
	幕墙	幕墙形式、划分、开启方式,构造节点,横竖龙骨及其与主体结构的连接关系	幕墙材料、安全、防火,保温、隔热等性能
	楼地面	楼地面标高、构造层次、厚度及材料等	楼面防水、保温、隔热、隔声等性能
	屋面	屋面形式(平屋面、坡屋面、异形屋面),坡度,主要构件尺寸及标高,构造层次	屋面排水方式,防水、保温性能
	房间(空间)	房间(空间)尺寸,主要房间及有特殊要求房间的家具(设备)布置,变形缝(伸缩缝、沉降缝、抗震缝),防火、防烟分区设置,构造层次,吊顶形式及材料等	房间名称、面积,防水、防火、隔声要求,设备用房和特殊房间的功能、流线及工艺等特殊要求
	垂直交通	楼梯(梯段、踏步)、坡道尺寸及定位,楼梯、坡道构造,电扶梯井道、基坑尺寸,机房尺寸	特定使用功能(消防、无障碍、客货梯等)、电梯速度,轿厢规格、联控方式、面板、设备安装要求,扶梯角度等
	门窗	形式、尺寸及定位信息	门窗性质要求和门窗表等
	栏杆、栏板	形式构造及与主体结构的连接方式	材料、安全等要求
	建筑装饰构件及其他	尺寸、定位及与主体结构连接方式	材料、安全等要求

12

6.3 结 构

6.3.1 结构构件应包括基础、柱、承重墙、斜撑、梁、楼板、预留洞口、楼梯与坡道、空间结构构件、隔震减震构件以及其它结构构件，详见表6.3.1。

表 6.3.1 结构构件表

类型	具体构件
基础	扩展基础、条形基础、筏板基础、桩基础、岩石锚杆基础等
柱	钢筋混凝土柱、型钢混凝土柱、钢管混凝土柱、钢柱、木质柱、组合柱等
承重墙	钢筋混凝土剪力墙、型钢混凝土剪力墙、钢板混凝土剪力墙、砌体墙、组合墙等
斜撑	混凝土斜撑、钢斜撑、型钢混凝土斜撑、钢管混凝土斜撑等
梁	钢筋混凝土梁、型钢混凝土梁、钢梁、木梁等
楼板	钢筋混凝土板、压型钢板楼板、木楼板、钢板楼板、组合楼板等
预留洞口	楼板洞口、梁上洞口、柱墙上洞口、柱墙上开槽等
楼梯与坡道	钢筋混凝土楼梯坡道、钢楼梯坡道、木楼梯坡道、组合楼梯（如玻璃、不锈钢或索楼梯）等
空间结构构件	桁架、网架、张弦梁、拉索等空间结构构件等
隔震减震构件	隔震支座、阻尼器等
其他结构部件	排水沟、集水坑、节点构造、预埋件等

6.3.2 模型中结构构件应包括截面形式、截面尺寸、定位信息、边界条件、材料、内部构造、构件荷载、构件内力等信息，

并应符合以下要求：

1 可计算性：结构构件数据应包括几何信息、非几何信息，满足与结构计算软件接口的需求。

2 可传递性：结构构件数据应具备通用格式，应适应不同的软硬件环境以及不同的模型接受方。

6.3.3 概念设计阶段结构交付模型应包含以下项目结构基本信息：设计使用年限、结构安全等级、地震动参数、结构体系等。

6.3.4 方案设计阶段模型结构专业应满足结构可行性及施工可行性，非几何信息宜包括以下内容：

1 设计依据：设计使用年限、基本风压、基本雪压、地震动参数等。

2 分类等级：建筑结构的安全等级、建筑抗震设防类别、结构抗震等级、防火等级、混凝土环境类别、防腐等级、人防的抗力等级等。

3 荷载：永久荷载、可变荷载、偶然荷载。

4 结构材料：钢筋混凝土、钢材、铝材、木材（含胶合木）、砌体、纤维等。

5 上部结构选型。

6 伸缩缝、沉降缝和防震缝的设置。

7 采用的计算软件、计算模型、主要计算参数和关键计算指标。

8 新技术、新结构、新材料的采用。

9 采用的主要设计规范。

10 其他需要说明的内容。

6.3.5 方案设计阶段交付模型结构构件应符合表6.3.5的规定，精度应达到LOD2.0的要求。

表 6.3.5 方案设计阶段交付模型结构构件要求

模型构件	几何信息	非几何信息
柱	截面形式、截面尺寸、定位信息	类型、材料、边界条件
承重墙	截面形式、截面尺寸、定位信息	类型、材料、边界条件
斜撑	截面形式、截面尺寸、定位信息	类型、材料、边界条件
梁	截面形式、截面尺寸、定位信息	类型、材料、边界条件
楼板	截面形式、截面尺寸、定位信息	类型、材料、边界条件
空间结构构件	截面形式、截面尺寸、定位信息	类型、材料、边界条件
隔震减震构件	截面形式、截面尺寸、定位信息	类型、材料、边界条件

6.3.6 初步设计阶段模型结构专业应满足施工图设计准备及前期施工准备的要求，非几何信息应包括以下内容：

1 设计依据：设计使用年限、基本风压、基本雪压、地震动参数、地质勘查资料、相关审查意见、相关试验资料等。

2 分类等级：建筑结构的安全等级、地基基础设计等级、建筑抗震设防类别、结构抗震等级、防水等级、防火等级、抗渗等级、混凝土环境类别、防腐等级、人防的抗力等级等。

3 荷载：永久荷载、可变荷载、偶然荷载。

4 结构材料：钢筋混凝土、钢材、螺栓、焊条、砂浆、砌体等。

5 地基基础选型、上部结构选型。

6 伸缩缝、沉降缝和防震缝的设置。

7 采用的计算软件、计算模型、计算参数和主要计算指标。

8 新技术、新结构、新材料的采用。

9 采用的主要设计规范和标准图集。

10 与相关单位的配合要求。

11 其他需要说明的内容。

6.3.7 初步设计阶段交付模型结构构件宜符合表 6.3.7 的规定，精度应达到 LOD3.0 的要求。

表 6.3.7 初步设计阶段交付模型结构构件要求

模型构件	几何信息	非几何信息
基础	截面形式、截面尺寸、定位信息	类型、材料、边界条件
柱	截面形式、截面尺寸、定位信息	类型、材料、边界条件
承重墙	截面形式、截面尺寸、定位信息	类型、材料、边界条件
斜撑	截面形式、截面尺寸、定位信息	类型、材料、边界条件
梁	截面形式、截面尺寸、定位信息	类型、材料、边界条件
楼板	截面形式、截面尺寸、定位信息、后浇带位置	类型、材料、边界条件
预留洞口	截面尺寸、定位信息	类型
楼梯与坡道	截面形式、截面尺寸、定位信息	类型、材料、边界条件
空间结构构件	截面形式、截面尺寸、定位信息	类型、材料、边界条件
隔震减震构件	截面形式、截面尺寸、定位信息	类型、材料、边界条件、主要技术参数
其他结构部件	截面形式、截面尺寸、定位信息	类型、材料、边界条件

6.3.8 施工图设计阶段模型结构专业非几何信息应包括以下内容：

  1 设计依据：设计使用年限、基本风压、基本雪压、地震动参数、地质勘查资料、相关审查意见、相关试验资料、相关验收报告等。

  2 分类等级：建筑结构的安全等级、地基基础设计等级、建筑抗震设防类别、结构抗震等级、防水等级、防火等级、抗渗等级、混凝土环境类别、防腐等级、人防的抗力等级等。

  3 荷载：永久荷载、可变荷载、偶然荷载。

  4 结构材料：钢筋混凝土、钢材、螺栓、焊条、砂浆、砌体等。

  5 地基基础选型、上部结构选型。

  6 地基基础、地下室、重要构件和特殊构件的施工技术要求。

  7 伸缩缝、沉降缝和防震缝的设置。

  8 结构构件和非结构构件的构造要求、钢构件的维护要求。

  9 采用的计算软件、计算模型、计算参数和主要计算结果。

  10 新技术、新结构、新材料的采用。

  11 采用的设计规范和标准图集。

  12 与相关专业、相关单位的配合要求。

  13 其他需要说明的内容。

6.3.9 施工图设计阶段交付模型结构构件宜符合表 6.3.9 的规定，精度应达到 LOD4.0 的要求。

表 6.3.9 施工图设计阶段交付模型结构构件要求

模型构件	几何信息	非几何信息
基础	截面形式、截面尺寸、定位信息	类型、材料、边界条件、钢筋
柱	截面形式、截面尺寸、定位信息	类型、材料、边界条件、钢筋
承重墙	截面形式、截面尺寸、定位信息	类型、材料、边界条件、钢筋
斜撑	截面形式、截面尺寸、定位信息	类型、材料、边界条件、钢筋
梁	截面形式、截面尺寸、定位信息	类型、材料、边界条件、钢筋
结构楼板	截面形式、截面尺寸、定位信息、后浇带位置	类型、材料、边界条件、钢筋
预留洞口	截面形式、截面尺寸、定位信息	类型、处理措施
楼梯与坡道	截面形式、截面尺寸、定位信息	类型、材料、边界条件、钢筋
空间结构构件	截面形式、截面尺寸、定位信息	类型、材料、边界条件
隔震减震构件	截面形式、截面尺寸、定位信息	类型、材料、边界条件、技术参数
其他结构部件	截面形式、截面尺寸、定位信息	类型、材料、钢筋

6.4 给水排水

6.4.1 给水排水专业模型构件应包括给水排水设备、管道、管件、管道附件、卫生器具及附属设施,详见表 6.4.1。

表 6.4.1 给水排水构件

类别		构件
给水排水设备	I类	冷却塔、热水机组、太阳能利用设备、空气源热泵机组、雨水利用设备、水处理设备等
	II类	水泵、开水器、消毒设备等
		消火栓、喷头、报警阀组、消防炮、水流指示器、末端试水装置、灭火器、压力开关、气体灭火设备、流量开关、稳压设备等
管道		给水管道、排水管道、雨水管道、消防管道、污水管道、中水管道等
管件		异径管、乙字管、喇叭口、弯头、存水弯、三通、四通、浴盆排水件
管道附件		伸缩器、防水套管、波纹管、可曲挠橡胶接头、检查口、清扫口、通气帽、雨水斗、排水漏斗、地漏、自动冲洗水箱、减压孔板、Y形过滤器、毛发聚集器、倒流防止器、吸气阀、真空破坏器、防虫网罩、金属软管等
		阀门、仪表、给水配件、水龙头等
卫生器具		洗脸盆、浴盆、化验盆、洗涤盆、盥洗槽、污水池、妇女净身盆、小便器、蹲式大便器、坐式大便器、小便槽、淋浴喷头等
附属设施	I类	水池、游泳池、水景、化粪池、污水处理站等
	II类	检查井、雨水口、阀门井、跌水井、水表井、隔油池等

6.4.2 方案设计阶段的模型信息宜包含给水排水专业以下内容：

1 给排水系统和消防系统基本信息描述，包括水源、用水量、耗热量、排水量、雨水量、排水体制、给排水系统简述、消防系统简述以及需要说明的其他问题等非几何信息。

  2 方案设计阶段对建筑平面及功能有影响的给排水专业主要设备房、构筑物等附属设施的位置、面积及层高等几何信息。

  3 主要管道井的位置、面积等信息。

6.4.3 初步设计阶段交付模型给水排水构件宜符合表6.4.3的规定，精度应达到LOD3.0的要求。

表6.4.3 初步设计阶段交付模型给水排水构件要求

模型构件		几何信息	非几何信息
管道		形状、尺寸、位置	系统类型、规格、材质、保温等
管件		形状、尺寸、位置	系统类型、名称、保温等
管道附件		形状、尺寸、位置	系统类型、名称、型号、规格、保温等
卫生器具		形状、尺寸、位置	器具名称
给水排水设备	Ⅰ类	形状、尺寸、位置	系统类型、名称、型号(规格)、主要参数等
附属设施	Ⅰ类	形状、尺寸、位置	名称、用途、主要参数等

6.4.4 施工图设计阶段交付模型给水排水构件宜符合表6.4.4的规定，精度应达到LOD4.0的要求。

表 6.4.4 施工图设计阶段交付模型给水排水构件要求

模型构件		几何信息	非几何信息
管道		形状、尺寸、位置	系统名称、分区、规格、材质、设计流量、管壁厚度、压力等级、坡度、相关技术参数、保温层材料及厚度、安装要求等
管件		形状、尺寸、位置	名称、型号(规格)、材质、压力等级、相关技术参数、保温层材料及厚度、安装要求等
管道附件		形状、尺寸、位置	名称、型号(规格)、材质、压力等级、相关技术参数、安装要求等
卫生器具		形状、尺寸、位置	名称、型号(规格)、材质、相关技术参数、安装要求等
给水排水设备	Ⅰ类	形状、尺寸、位置	编号、名称、型号(规格)、材质、相关技术参数、安装要求等
	Ⅱ类	形状、尺寸、位置	编号、名称、型号(规格)、材质、相关技术参数、安装要求等
附属设施	Ⅰ类	形状、尺寸、位置	编号、名称、型号(规格)、材质、相关技术参数
	Ⅱ类	形状、尺寸、位置	编号、名称、型号(规格)、材质、相关技术参数

6.5 电 气

6.5.1 电气专业模型构件应包括电气设备、电缆桥架及配件、其他附件，内容详见表 6.5.1。

表 6.5.1 电气构件表

类别		名　称
电气设备	Ⅰ类	高压配电柜、低压配电柜、变压器、发电机组、直流屏等
		火灾报警控制器、消防联动控制盘、电气火灾监控主机、防火门监控主机等
		有线电视前端箱、程控交换机、电缆交接箱、光交接箱、广播系统机柜、网络机柜等
	Ⅱ类	UPS电源箱、EPS电源柜、配电箱、控制箱、电源插座箱等
		有线电视分支分配箱、电话分线盒、楼控DDC箱、家居配线箱、设备端子箱等
	Ⅲ类	灯具、开关、电源插座等
		火灾探测器、扬声器、声光报警器、灯光显示器、火警电话、消防电话插孔、防门火监控器等
		信息显示屏、投影仪、无线AP、摄像机、门禁控制器、门禁读卡器、开门按钮、智能照明控制器、智能照明控制面板、智能照明探测器、可视对讲机、音响设备、燃气探测器、信息插座、语音插座、电视插座等
电缆桥架母线槽		电缆桥架、电缆梯架、母线槽
其他附件		电气导管、支架、吊架等

6.5.2 方案设计阶段的交付模型宜包含电气专业以下内容：

1 本工程电气专业系统基本信息描述，应包括变配电、消防、智能化各系统的描述信息。

2 电气主要的设备房应表达变配电房、柴油发电机房、消防控制室、弱电机房等的设置位置、面积及层高等信息。

3 本专业对建筑方案有影响的其他构件。

6.5.3 初步设计阶段交付模型电气构件宜符合表 6.5.3 的规定，精度应达到 LOD3.0 的要求。

表 6.5.3 初步设计阶段交付模型电气构件要求

模型构件		几何信息	非几何信息
电气设备	Ⅰ类	形状、尺寸、位置	设备名称、型号、规格、编号、安装方式、容量、设备质量等
	Ⅱ类	形状、尺寸、位置	设备名称、型号、规格、编号、安装方式、容量、设备质量等
电缆桥及母线槽		形状、尺寸、位置	设备名称、型号、规格、编号、安装方式、材质、厚度、用途等

注：初步设计阶段仅对变配电房、柴油发电机房、消防控制室、弱电中心、配电间、电井的Ⅱ类电气设备、电缆桥架及母线槽构件提出信息及精度要求。

6.5.4 施工图设计阶段交付模型电气构件宜符合表 6.5.4 的规定，精度应达到 LOD4.0 的要求。

表 6.5.4 施工图设计阶段交付模型电气构件要求

模型构件		几何信息	非几何信息
电气设备	Ⅰ类	形状、尺寸、位置	设备名称、用途、型号、规格、编号、安装方式、容量、设备质量等
	Ⅱ类	形状、尺寸、位置	设备名称、用途、型号、规格、编号、安装方式、容量、设备质量等
	Ⅲ类	形状、尺寸、位置	设备名称、用途、型号、规格、编号、安装方式、容量、设备质量等
电缆桥及母线槽		形状、尺寸、位置	设备名称、型号、规格、编号、安装方式、材质、用途等
其他附件		形状、尺寸、位置	规格、安装方式、材质

6.6 暖通空调

6.6.1 暖通空调专业模型构件应包括暖通空调设备、风管及风系统阀门和附件、水汽管道及水汽系统阀门和附件等,构件内容详见表 6.6.1。

表 6.6.1 暖通空调构件表

类别		构件
暖通空调设备	Ⅰ类	冷水机组、锅炉、热水机组、风冷热泵机组、冷却塔、多联机组室外机等
	Ⅱ类	水泵、热交换装置、水处理设备、膨胀定压装置、蓄水箱
		组合式空调器、柜式空气处理机组、新风机组、风机盘管、变风量末端、多联机组室内机等空气处理装置
		散热器
		轴流风机、管道风机、离心风机、诱导风机等
	Ⅲ类	窗式空调器、分体空调器
		吊顶式排气扇、窗式排风扇等
风管		通风空调送风管、回风管、新风管、排风管
		消防加压风管、补风管、排烟风管、排油烟风管等
风系统阀门和附件	Ⅰ类	风口、风管阀门、风管连接件等
		空气过滤器、空气净化装置、辅助加热装置
		消声器、消声弯头、消声静压箱
	Ⅱ类	保温材料等
	Ⅲ类	检修门、防雨罩等

续表 6.6.1

类别		构件
水、汽管道		空调冷冻水供/回水管道、空调热水供/回水管道、采暖供/回水管道、冷却水供/回水管道、蒸汽管道
		补水管、冷凝水管道、膨胀水管
		多联机系统冷媒管等
水、汽系统阀门和附件	Ⅰ类	温度计、压力表、能量计、流量计
		水、汽管阀门、连接件、补偿器、排气阀、泄水管；空气加湿装置、流量开关等
	Ⅱ类	保温材料等
其他附件	Ⅰ类	挡烟垂壁等
	Ⅱ类	减震器
		支架（座）、吊架等
	Ⅲ类	温度传感器、湿度传感器、压力传感器、控制器及执行机构等

6.6.2 方案设计阶段的交付模型宜包含暖通空调专业以下内容：

1 本工程供暖通风及空调系统基本信息描述，包括冷热负荷、冷热源获取方式及空调水系统信息。

2 暖通空调专业主要设备用房、井道的位置、面积及高度信息。

3 方案设计阶段对建筑平面及功能有影响的暖通空调设备等。

6.6.3 初步设计阶段交付模型暖通空调专业构件宜符合表 6.6.3 的规定，精度应达到 LOD3.0 的要求。

表 6.6.3 初步设计阶段交付模型暖通空调构件要求

模型构件		几何信息	非几何信息
暖通空调设备	Ⅰ类	形状、尺寸、位置	设备名称、设备主要参数（制冷设备制冷量、耗电量、冷媒、质量等；制热设备制热量、耗能量、质量等）
	Ⅱ类	形状、尺寸、位置	设备名称、设备主要参数（风机风量、压头、耗电量；水泵水量、压头、耗电量；空调末端设备制冷制热量、风量、余压、耗电量；对结构有影响的设备质量等）
风管		形状、尺寸、位置	管道名称、用途等
风系统阀门和附件	Ⅰ类	位置	配件名称等
水、汽管道		形状、尺寸、位置	管道名称、用途等
水、汽系统阀门和附件	Ⅰ类	位置	配件名称等
其他附件	Ⅰ类	位置	附件名称等

6.6.4 施工图设计阶段交付模型暖通空调专业宜符合表6.6.4的规定，精度应达到LOD4.0的要求。

表 6.6.4 施工图设计阶段交付模型暖通空调构件要求

模型构件		几何信息	非几何信息
暖通空调设备	Ⅰ类	形状、尺寸、位置	设备名称、设备主要参数（制冷设备制冷量、耗电量、冷媒、质量等；制热设备制热量、耗能量、质量等）

续表 6.6.4

模型构件		几何信息	非几何信息
暖通空调设备	Ⅱ类	形状、尺寸、位置	设备名称、设备主要参数(风机风量、压头、耗电量;水泵水量、压头、耗电量;空调末端设备制冷制热量、风量、余压、耗电量;设备质量等)
	Ⅲ类	形状、尺寸、位置	设备名称、设备主要参数
风管		形状、尺寸、位置	管道名称、用途、设计风量、材质及厚度、安装方式等
风系统阀门和附件	Ⅰ类	形状、尺寸、位置	配件名称、材质、设计参数(如风口的设计送风量、消声器的消声指标)等
	Ⅱ类	形状、尺寸、位置	配件名称、材质、设计参数(如保温材料传热系数、容重指标、厚度)等
水、汽管道		形状、尺寸、位置	管道名称、用途、设计水流量、材质及厚度、安装方式等
水、汽系统阀门和附件	Ⅰ类	形状、尺寸、位置	配件名称、材质、设计参数(温度计、压力表的规格型号、阀门设计工况水流量、补偿器的补偿量等)
	Ⅱ类	形状、尺寸、位置	配件名称、材质、设计参数(如保温材料传热系数、容重指标、厚度)等
其他附件		形状、尺寸、位置	附件的名称、材质、重要参数等

本标准用词说明

1 为便于在执行本标准条文时区别对待，对要求严格程度不同的用词说明如下：

1）表示很严格，非这样做不可的：
正面词采用"必须"，反面词采用"严禁"；

2）表示严格，在正常情况下均应这样做的：
正面词采用"应"，反面词采用"不应"或"不得"；

3）表示允许稍有选择，在条件许可时首先应这样做的：
正面词采用"宜"，反面词采用"不宜"；

4）表示有选择，在一定条件下可以这样做的，采用"可"。

2 条文中指明应按其他有关标准执行的写法为："应符合……的规定"或"应按……执行"。

引用标准名录

1 《建筑给水排水设计规范》GB 50015
2 《民用建筑供暖通风与空气调节设计规范》GB 50736
3 《建筑结构制图标准》GB/T 50105
4 《建筑给水排水制图标准》GB/T 50106
5 《暖通空调制图标准》GB/T 50114
6 《建筑电气制图标准》GB/T 50786
7 《民用建筑电气设计规范》JGJ 16
8 《民用建筑信息模型设计标准》(北京市)DB11/T 1069

四川省工程建设地方标准

四川省建筑工程设计信息模型交付标准

DBJ51/T 047-2015

条 文 说 明

目　次

3 基本规定 ··37
4 资源要求 ··38
5 精度等级要求 ···39
6 建筑信息模型交付要求 ··40
　6.1 交付成果 ··40
　6.3 结　构 ···40
　6.4 给水排水 ··40
　6.5 电　气 ···41
　6.6 暖通空调 ··41

3 基本规定

3.0.1 建筑工程设计信息模型应满足不同设计阶段、不同专业、不同参与方的提资要求以及交付成果约定。

3.0.2 建筑工程设计信息模型所承载的信息应准确全面,为建筑全寿命期的各项应用提供基础条件。

3.0.3 有条件的情况下可采用协同工作模式。

4 资源要求

4.0.1 BIM设计服务的多元化使建模软件多样化，选择合适的建模软件和设计协同平台极为重要。软件的选择需从BIM设计服务的角度出发，顺应企业和信息时代的发展，从而推动BIM技术的发展。

4.0.2 BIM设计服务企业的主流建模软件应根据实际需求来选择，并制定严格的使用规范。

4.0.3 BIM设计的特殊性和多样性会对建模软件的功能需求产生变化。具有开放性的建模软件可以根据临时功能需要采用定制开发的方式来补充，提高建模软件的工作范围及效率。

4.0.4 协同平台的搭建是BIM设计开展的基础条件，需面向项目所有参与方，并向参与方提供协同设计、进度控制、信息传递、数据和资源管理等服务。平台的选择要充分考虑各参与方的协同工作和信息及时传递等要求，避免交互、传递的信息不兼容、不匹配。协同平台应具备稳定、准确、开放、安全的特点。

5 精度等级要求

5.0.2 构件资源库的建立可以提高建模的工作效率,为了方便构件资源库的管理和查找,就需要制定相应的规则来对库中的构件进行归类管理。

5.0.3 这四个等级参考国际与国内较为成熟的模型深度等级制定,并着重对BIM在建筑全寿命期各阶段与各专业的不同需求做出了考虑。概念设计阶段的模型用于项目可行性研究、协助办理项目用地许可证等。方案设计阶段的模型用于项目规划评审报批、建筑方案评审报批、建筑造价估算。初步设计阶段的模型用于项目专项评审报批、节能初步评估、建筑造价概算。施工图设计阶段的模型用于项目建筑工程施工许可办理、施工准备、施工招投标计划、建筑造价预算。

6 建筑信息模型交付要求

6.1 交付成果

6.1.1 根据不同需求,建筑信息模型可以包含全专业的模型,也可以只包含部分专业的模型。

6.1.2 由于BIM设计的特殊性,若输出内容不按照《建筑工程设计文件编制深度规定》执行,则与需求方约定交付物的内容与深度。

6.3 结 构

6.3.5 构件的边界条件指构件的支座情况、约束条件和构件所处的外部环境等。

6.3.9 限于现阶段的软件水平和行业对BIM应用的水平,施工图设计阶段构件钢筋的交付可以采用多种方式,不强求在BIM模型中表示钢筋。比如:可以采用表格的方式、图纸的方式和文字说明的方式等。

6.4 给水排水

6.4.1 给水排水构件表中各构件主要依据其在各设计阶段的表达深度要求进行分类。

6.4.3 本设计阶段交付的模型中构件的几何信息(形状、尺寸、位置)可以根据设计深度的要求,表达其控制性几何信息。

6.5 电 气

6.5.1 构件表中各构件主要依据其在各设计阶段的表达深度要求进行分类。

6.5.3 本设计阶段交付的模型中构件的几何信息（形状、尺寸、位置）可以根据设计深度的要求，表达其控制性几何信息。

6.6 暖通空调

6.6.1 构件表中各构件主要依据其在各设计阶段的表达深度要求进行分类。

6.6.2 暖通空调专业主要设备用房包括制冷机房、锅炉房、热交换站等，该类设备用房对建筑层高、建筑功能布置等均有影响；同时，该信息在一定程度上能反映暖通空调方案的初步构想，故方案设计阶段的交付模型宜包括该内容。建筑方案模型也可根据方案深度，适当表达主要空调机房、风机房的相关内容。

空调系统室外冷却塔、厨房排油烟净化设备、锅炉房烟囱及其他有振动、产生噪声的设备，对建筑平面及功能划分均有一定影响，方案设计阶段，宜在模型中表达出该类设备的布置情况。

6.6.3 本设计阶段交付的模型中，暖通专业需要表达供暖、通风、空调及防排烟等系统的系统形式、主要设备选型及布置情况，对于暖通空调设备中第Ⅲ类构件，模型中可不表达其内容。

本设计阶段交付的模型中构件的几何信息（形状、尺寸、位置）可以根据设计深度的要求，表达其控制性几何信息。

本设计阶段，对于没有要求在模型中表达的构件（如风系统阀门和附件的第Ⅱ、Ⅲ类构件、水汽系统阀门和附件的第Ⅱ类构件以及其他附件），当工程中确有需要时，可将该内容作为主要设备、风管或水汽管道等构件的非几何信息在模型中表达。